高等职业教育新形态教材

服装画
表现技法

丁学华
刘耀先　著
马德东

U0392767

化学工业出版社
·北京·

内容简介

本书主要内容为手绘服装画的表现技法，包含服装画人体基础、服装与人体的关系画法、常用的颜料上色方法、常用的面料表现技法、服装项目设计的服装画表现方法、中国风服装画的表现方法等内容。

本书是服装设计专业教师团队在网络授课平台开课三年以来所积累的丰富网课经验的基础上，推出的紧密结合网络课程资源的服装画技法教材。书中每个章节的服装画绘制方法都有配套的视频资源，视频中的服装画示范和书中图示保持一致，学生扫描二维码即可学习，给服装专业学习者带来直观的学习体验，可以提高学习服装画的效率。

本书的第七章"项目设计的服装画表现"从几个方面介绍了如何更好地用服装画来表现设计内容，增强了服装画和服装设计的关联度和实用性。第八章"中国风服装画表现"介绍了中国文化艺术特征的服装画表现方法和经验，有利于增强学习者的文化自信。这两章是具有独创性的内容。

本书在服装画表现的定位上，突出服装画是设计创意的快速表现技法，回到服装画运用的本源特点，避免长时间复杂绘制、脱离服装画本意的不实用的表现方法。

本书是服装设计专业学生或服装行业从业者学习服装画绘制的参考教材。

图书在版编目（CIP）数据

服装画表现技法/丁学华，刘耀先，马德东著. —北京：
化学工业出版社，2023.5
ISBN 978-7-122-42977-3

Ⅰ.①服… Ⅱ.①丁…②刘…③马… Ⅲ.①服装-绘画
技法 Ⅳ.①TS941.28

中国国家版本馆CIP数据核字（2023）第027083号

责任编辑：蔡洪伟　　　　　　　　　　文字编辑：陈立媛　陈小滔
责任校对：宋　玮　　　　　　　　　　装帧设计：王晓宇

出版发行：化学工业出版社（北京市东城区青年湖南街13号　邮政编码100011）
印　　装：北京宝隆世纪印刷有限公司
787mm×1092mm　1/16　印张11¾　字数238千字　2023年5月北京第1版第1次印刷

购书咨询：010-64518888　　　　　　售后服务：010-64518899
网　　址：http://www.cip.com.cn

定　　价：58.00元

　　服装效果图作为一个工具，是连接设计者思维创意的表达与将设计转化为实物的关键节点，因此，我们应用或评判效果图时通常不会说"好看或不好看""画得好不好"，而是会说"准确或不准确""设计得好不好"，其核心价值是传达设计思维继而准确地将其转化为真正的服装，因此效果图不是最终的结果，而是设计过程中的一环。再说"时装画"，它则是指以时装为表现题材的一种绘画形式，其目的是表现时装之美及时尚风格，现在逐步被称为"时装插画"，其终点即画作本身，可不需要考虑是否完成实际成衣制作，因此，其包含更多的艺术表现手法、个人风格及夸张人物造型的内容。而作为基础的统称学科都可以"服装画"命名。不管何种服装类绘画都需要学习绘制技法及表现与传达构思的方法。第一步是"准确"，即必须通过精准把握人体的各个结构功能及比例特点，进行以表现服装为主的各项规则性的学习。即使我们在快速出款时，经常不画人物只画款式，但为了表现服装质感，其在人体上应有的状态还是需经长年累月历练而成。第二步是传达服装的特点。这个要求更高，还是得再提"人"，人的分类、人的形体特征、人的年龄与习惯等，要在表现这些基础的前提下进一步表达个性特征。"基础服装画"是一个快速表达思维的工具，在教学上不建议用很艺术的要求去表现，而快速上手的"经验方法套用"非常实用，且能让初学者很快了解行业规则及评判标准。

　　本书作为教学工具书，从实际需求出发，去繁就简，对基础环节进行了全面介绍，并有与市场人才培养目标相协调的特色章节，同时也在数字信息化教育领域持续发力，希望能较好地解决当下针对性强的工具书较为稀缺的问题。

罗竞杰

东华大学服装与服饰设计专业负责人

服装与艺术设计学院服装艺术设计系副主任

全国十佳时装设计师

中国百强青年设计师

上海时尚产业发展中心数字艺术教育联盟主任

创意集成workshop主理人

目
录

二维码目录

扫一扫

服装画概述

第一章

服装画概述

第一节　服装画的功用

　　服装业随着人类历史和生产力的发展而不断地发展变化，服装设计专业教育从二十世纪八十年代起在国内逐步开展，经过40多年的积淀，服装专业培养人数和服装行业从业者数量非常可观，由于经济的发展和物质要求的不断提高，现代服装业蓬勃发展。在服装专业教育中，服装设计是一个核心版块，而服装画是服装设计过程中用来传达设计意图、展示设计构思，以及展示产品企划的工具，在服装广告中服装画也可以起到商品广告宣传、服装艺术风格表现、消费引领等多方面的作用。服装画是体现设计师服装创意内容最简便直接的工具，服装画表现和服装款式设计是一个服装设计师的"两条腿"，都有举足轻重的作用。

　　在实际运用中最简单的服装画，可以理解为单纯表现服装款式的款式图（图1-1），在服装设计到服装样版纸样的转换过程中，款式图是关键的一环。样版师根据款式图来分解判断服装款式的结构和造型特点，制作出符合设计师意图的服装样版。在服装业发展程度较高的地区，由于生产的分工细化，工序间的衔接和交流要求准确通畅，所以完善的服装画是表达设计意图和内容的必要工具。

图1-1　服装款式图

第二节　服装画的风格种类

　　文化艺术在人类历史更迭中一直不断地发展变化，服装画受各时期艺术风格的影响会表现出一定的艺术风格倾向，尤其是早期一些艺术流派代表人物参与了服装设计和服装画绘制，使服装画与当时流行的艺术风格联系紧密，如著名画家叶浅予曾绘制了一些服装画（图1-2），这一系列服装画在绘制方法上带有鲜明的国画特征。在艺术史上有名的野兽主义、立体主义、表现主义、超现实主义、波普艺术等多种艺术风格都在服装画上有明显体现。可以说不同时期的服装画都带有明显的时代风格（图1-3）。当代卡通艺术得到流行和发展，加上年轻人的广泛接受，所以在一部分服装画中出现了卡通风格的特征（图1-4）。

　　从功用角度分类，服装画可以分为服装设计效果图、商业服装画、时装艺术效果图和时装插画等。

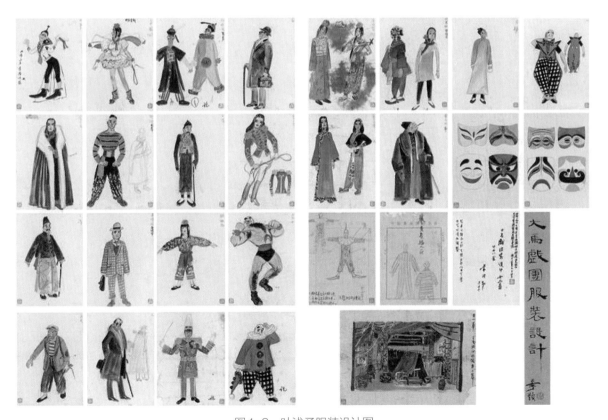

图1-2　叶浅予服装设计图

图1-3　1913年的服装画

图1-4　卡通风格服装画

　　服装设计效果图主要是服装设计师用来记录设计灵感和设计片段、表达服装款式初步效果的。这类服装画表现较随意，表现方式自由简单，是设计初级阶段的案头工作和服装设计的初步展示（图1-5）。

图1-5　服装设计效果图

商业服装画表现的是服装设计完成的产品或商品，其表现完整、比例特征准确、款式细节清晰，配以服装材料附件说明，具有很强的易读性。在款式流行信息发布和时装款式设计等方面经常用到（图1-6）。

图1-6 商业服装画

时装艺术效果图和时装插画是以表现时装的艺术效果、品牌的风格特征为主的艺术作品。其在表现上偏重艺术效果，注重艺术表现形式，有强烈的个性风格，具有较高的艺术欣赏性。有的是对品牌和设计的更深层的诠释（图1-7）。

图1-7 英国大卫·唐顿（David Downton）时装插画

第三节　现代服装画的表现风格特点

　　服装画在表现风格上通常可以分为写实风格和装饰写意风格。写实风格的服装画（图1-8）在人体比例结构、服装的款式表现等方面都力求准确真实。这类服装画是初级阶段必要的练习训练内容，在学习绘制写实风格的服装画时，对人体比例结构的把握和速写技能是画好服装画的基本保障。

　　装饰写意风格的服装画（图1-9）是在掌握服装画基本知识和技能的基础上，对人体比例、动态、结构、表现方法等方面进行富有美感的夸张和变形等处理而产生的。这类服装画的特征往往也是个人表现风格的标志。

图1-8　写实风格的服装画　　　　　　　图1-9　夸张风格服装画

　　不同时期的艺术风格各有特色，服装画也不例外，在年轻一代中，卡通风格广受欢迎。另外年轻一代追求个性自我，也导致服装画的风格和表现形式多样化。

　　服装画的表现和当今的科技和工业水平密切相关，丰富的绘画材料及其优良的性能，提供给设计师较多的选择余地，使服装画呈现出多样化的形式和面貌。计算机技术在美术领域广泛运用，使用绘画软件绘制服装画也很普遍，Photoshop、Illustrator、CorelDRAW 是常用的绘制服装画的软件。3D软件制作服装效果图的技术也正在发展中（图1-10）。

　　服装画是用来表现服装设计意图和效果的，它的基本属性是快速表现效果图，这是它的根本。

图1-10　3D软件制作服装效果图

扫一扫

服装画绘制工具

第二章

服装画绘制材料简介

绘制服装画的材料主要包括颜料、纸、笔三大类。

服装画是一种设计效果图，常用的颜料主要有水彩、水粉、马克笔颜料、水彩笔颜料等（图2-1）。当然为了追求某些特殊效果也可以使用其他绘画颜料。

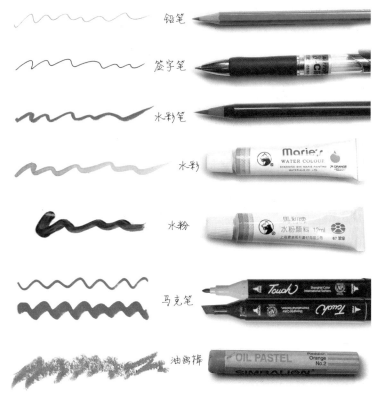

图2-1 绘制服装画常用的颜料和笔

水彩颜料的特点是透明，覆盖力较弱，适合表现明快清爽的效果，和铅笔、黑色签字笔结合使用，可以表现淡彩效果。

水粉颜料含有较多的粉质基底，覆盖力较强，适合用于颜色调配，调色时多加水会比较透明。水粉颜料表现力较强，适合比较细致深入的描绘，但是颜料干燥后会略微发灰。

马克笔和水彩笔都是灌装颜料的画笔。

马克笔是油性的，色彩较艳丽，颜色不适合调配，绘制过程中不容易修改，所以在落笔之前要规划好画法。马克笔有粗细两种硬质笔头，小头一般为圆头笔尖，大头为斜切方形笔头，可以用不同的笔尖画出宽窄不一的笔触，在绘制服装画时根据要画的颜色块面合理选用笔头。

水彩笔有硬质笔尖和尼龙毛笔尖两种，水彩笔颜色效果和水彩颜料相近，透明，适合表现淡彩效果。

马克笔和水彩笔由于颜色不容易调配，表现效果有一定限制，但使用便捷，携带保存方便。掌握了两种笔的使用技巧，在绘制快速表现服装画时，还是非常有利的。

油画棒（蜡笔）和粉笔通常作为辅助颜料使用，油画棒可以画条纹或简单图案，后面再上色，能较好地保留油画棒笔触，常用来绘制条格面料或粗质地面料。粉笔由于颜料易脱落，使用较少。

不同的颜料有各自的特点，使用者可根据要表现的服装面料和绘画风格来选择。水彩适合透明、轻薄材质的表现。水粉适合厚质地面料的表现，比如毛料、牛仔、棉衣等。合理地选用颜料利于表现面料质感和款式效果。

服装画绘制中，所涉及的笔的种类还是比较多的。绘制线稿常用铅笔、黑色签字笔、勾线毛笔、针管笔等。

铅笔由于可以反复修改，从初学者到设计师都广泛使用，用于勾勒外形、绘制服装的结构细节等。

黑色签字笔和针管笔内含墨水，落笔后不容易修改，通常适合上色完成后最后修整线条时使用。服装画绘制熟练后，也可以直接用签字笔绘制线稿。

勾线毛笔通常用来画线，只是由于是软笔，较难控制，但是勾线毛笔可以画出富于变化的线条，初学者需要通过练习来掌握它的特性。

上色常用水彩笔、水粉笔、书画毛笔（图2-2）。

水彩笔，质软，一般为饱满的圆头笔尖，含水性强，适合水彩颜料上色、大面积涂色、表现透明的颜色效果。

水粉笔常用的有扁圆头、扁平头状笔头，适合水粉上色，笔头较水彩笔要硬，表现笔触较硬朗，也适合大面积刷涂颜色。

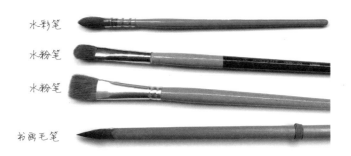

图2-2　服装画常用于上色的笔

　　书画毛笔，笔头一般较长，含水性较强，笔锋有各种形状，能画出富于变化的笔触和浓淡变化的颜色效果。

　　绘制服装画最常用的纸是白卡纸，质地厚实的白卡纸适合铅笔线稿反复修改，上色时遇水分而不易变形起翘。有时为了追求某种特别的颜色效果，也可以使用水彩纸表现颜色渗化的效果，使用有坑点的水粉纸表现颜色起伏变化的肌理，使用宣纸表现具有中国画墨韵的色彩效果……总之，绘制服装画时应根据需要和用途选择适合的纸张材料（图2-3）。

图2-3　服装画常用的纸张

第三章

服装画人体的画法

　　在服装画里人体是服装的支撑物，理想的人物形象可以为服装效果增色添彩，服装画人体特征是服装画的重要基础。画好服装画，需要熟练掌握人体的比例和基本结构，同时服装画人物形象也区别于其他绘画，更注重时尚性和唯美性。

　　如同专业的时装模特，服装画人体比例（头长和身高的比例）是区别于常人的。一般绘画中成年人的身高是7个头长左右，服装画中成年人人体高度一般为8.5头长左右。具体的模特身高根据设计风格和用途来设定。比如绘制企业职业装设计图这类偏重实用功能的效果图时，人物就不要画得太高太瘦长，尽量按照接近真人的效果绘制。在绘制创意装效果图时，可以把模特的身高画得更高，9～10个头长的身高也是可行的。成人身高比例的差异主要体现在腿长，更高的人体也要有更长的腿部（图3-1）。

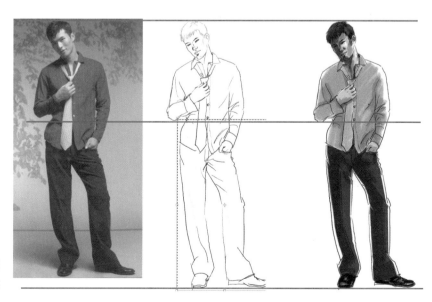

图3-1
真人身高和服装画
人体身高的对比

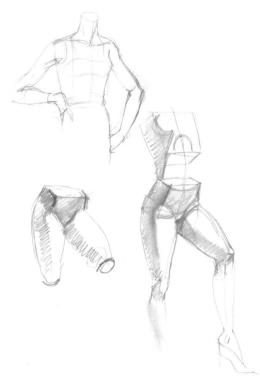

图3-2　人体的体块

服装画中，人物的形象特点与时装表演的模特标准是一致的，要求身材修长，理想的脸型是瘦长且较有立体感的。画男装时要注意人体的表现不必过分突出肌肉，除非是某些特定的服装，如体育运动类型的服装。大家要观察总结专业模特的体型特征，在绘制服装画时加以运用，这样绘制的服装画才有专业水准。

在绘制服装画人体的时候要注意方法：尽量概括地画人体的大关系，注意体块结构的大形体（图3-2），不要过分表现人体轮廓细小的起伏转折，这样容易破坏人体的动态和体型完整性。总之在服装画中人体只是一个"衣架子"，服装才是表现的重点。

服装画中手掌的长度可参考脸的长度，脚的长度可参考头部的长度。初学者经常会在比例的把握上出现问题，第一是容易把手脚画得短小，比例不匀称。第二是人体的对称关系把握不好，人体是以人体中心的垂直线为轴左右两边对称的，头部如此，身体也如此。尤其当人体发生侧转的角度，由于透视关系，在画面中人体的左右两部分大小发生变化，对称部位位置不再水平，但是在绘制的时候要时刻注意人体左右对应的关系，保持结构的对称关系，避免绘制的人体结构产生变形等错误。

扫一扫

服装画女人体的画法

第一节　服装画女人体的画法

服装画女人体的主要特征是修长匀称，相对于男人体，女人体臀围较宽，肩部较窄一些，从肩部到臀围的轮廓呈现梯形特征。服装画女人体身高一般大于或等于8.5头长（图3-3），要根据服装的风格用途来选择适合的身高和人体造型。女人体肩宽参照头部宽度的2倍，也有参考1.5倍头长来画的，人体的各部分比例最终的标准是协调匀称，符合服装画的要求就可以。手臂下垂时指尖在大腿中部附近，臀围宽≥肩宽＞腰围宽，手掌的长度参考脸的长度，脚的长度参考头长。从肩到臀围，女人体侧面有明显的起伏。在画出人体的大致结构动态后要整体观察，把不匀称修长的比例调整到位。各种女人体姿势的比例画法参考图3-4～图3-8。

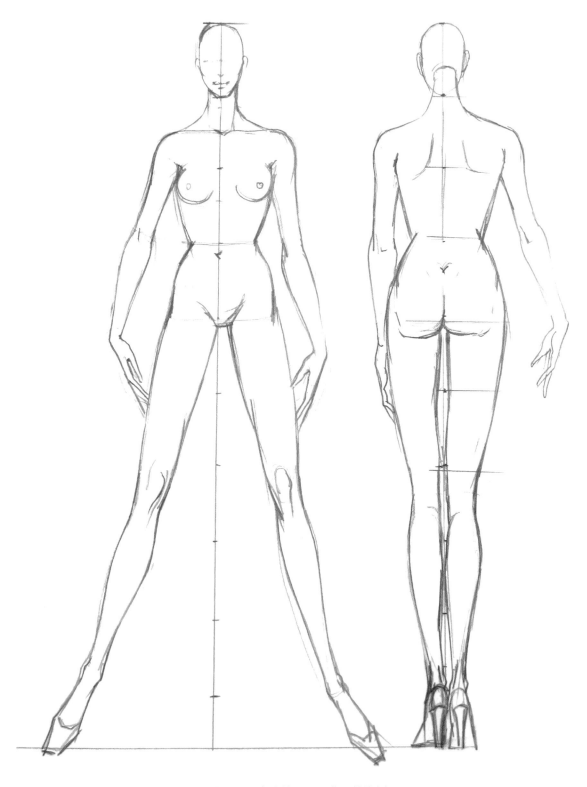

图3-3　女人体正面和背面的比例

图3-4　女人体比例姿态一

图3-5　女人体比例姿态二

图3-6 女人体比例姿态三

图3-7　女人体比例姿态四

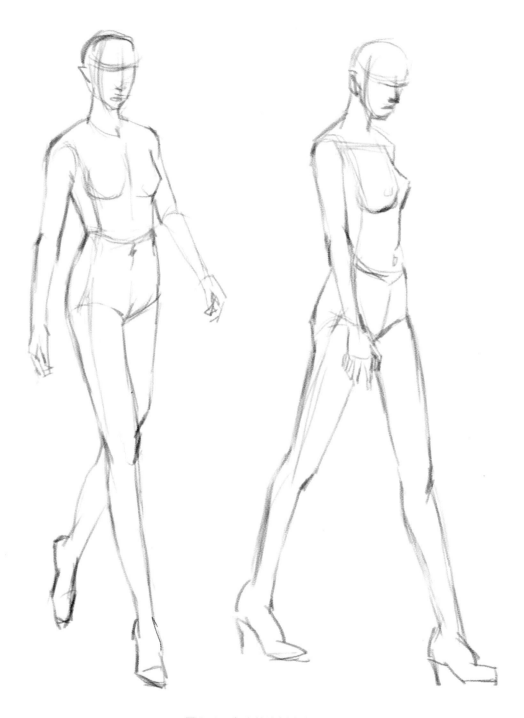

图3-8 女人体比例姿态五

扫一扫

服装画男人体的画法

第二节　服装画男人体的画法

　　服装画男人体的主要特征是肩较宽，臀围较小，从肩部到臀围的轮廓呈现倒梯形，相对女人体，男人体更健壮一些，骨骼较粗壮（图3-9）。初学者常见的问题是将男人体画得像女人体，这是因为没有抓住男人体基本的比例特征，没有表现出男性强健壮美的体型特点（图3-10）。男人体轮廓线条转折较明显，女人体轮廓线条较圆润。这是因为女性皮下脂肪较男性丰厚的原因而产生的视觉差异。

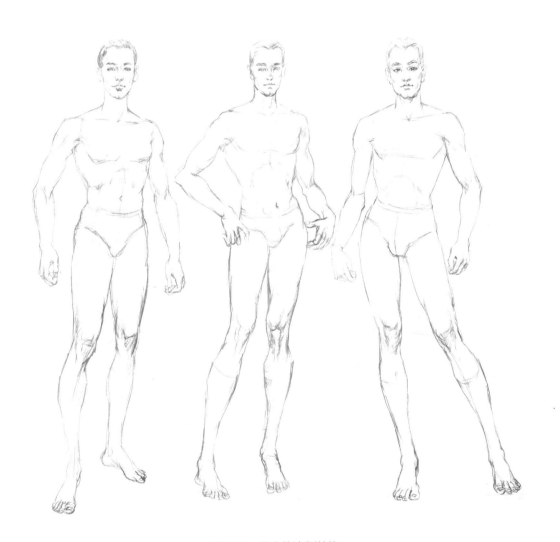

图3-9　男人体比例结构

图3-10　男模着装效果

扫一扫

人体的重心

第三节　人体重心

　　人体稳定站立是身体各部分重量达到基本平衡产生的重力稳定状态（图3-11）。在不平衡状态下人体就容易产生不稳定和倾倒的现象。在绘制服装画时要注意人体各部分的位置关系，人体的平衡原理类似天平。当人体扭转时，以腰胯部为中心的身体两侧的分量是基本相当的（图3-12、图3-13）。

图3-11　人体的重心与平衡

图3-12　服装画人体姿势的平衡

图3-13　服装画常用人体姿势的平衡

第四节　人体动态

　　人体躯干俯仰扭转加上四肢的伸缩形成各种各样的动作姿态。躯干的肩部、腰部、胯部都可以扭转，正常站立时三个部位都在一个垂向地面的平面里，人体扭转后形成不同的平面。肩部和腰部还可以倾斜，一般来说肩部和腰胯部是相对抵消的动态平衡关系，如左肩下沉配合左胯上提，上半身后仰配合下半身前突，大致呈"Z"字形（图3-14）。

　　服装表演和展示中，模特都有常见的姿态动作，如分腿、叉腰、扭腰等，在绘制服装画时要通过观察来总结掌握常见的模特动态，通过练习形成专业的服装画表现素养和技能（图3-15～图3-17）。

图3-14　人体动态的平衡关系

图3-15　服装画常用女人体动态一

图3-16   服装画常用女人体动态二

图3-17　服装画常用女人体动态三

第五节　女性头部的画法

　　时装模特的脸型一般偏窄长，在画模特头部时要严格控制头的长宽比例，以示范的女模特头部为例，长宽比大约为5：3，然后按照三庭五眼的比例关系确定眼睛、鼻子、嘴巴的位置。耳朵位置对照眉毛和鼻子的位置来确定。画女性头部要注意轮廓线条圆顺，转折舒缓。眼睛、嘴巴、鼻子在绘制的时候先画大的轮廓，然后画细小的局部（图3-18）。因为服装画是快速表现技法，要以大形为重，不要因为过多描绘细节而忽略了大关系。头部侧转后产生透视关系，这些与一般绘画的透视原理相同（图3-19～图3-21）。具体的绘画过程可以观看示范视频。

图3-18　女性头部画法步骤

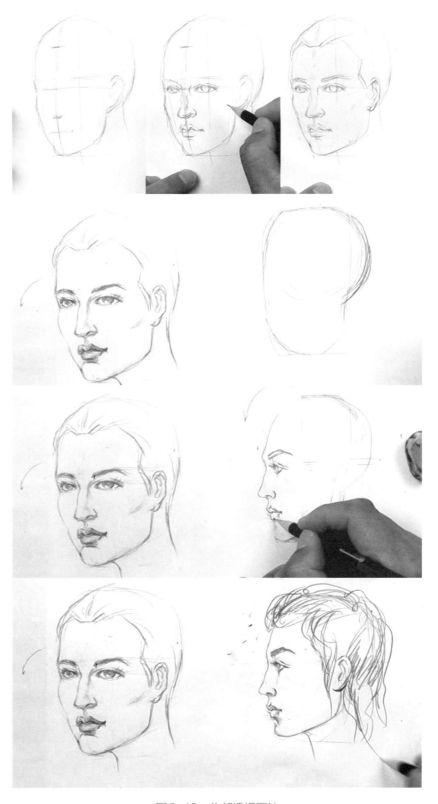

图3-19　头部透视画法

图3-20　女性头部一

图3-21　女性头部二

第六节　男性头部的画法

　　男性模特头部比例和女性基本一致，主要区别是男性头部外形轮廓骨点较突出，线条转折明显，下颌角之间宽度较女性大，下巴较宽，鼻子较女性略大。男性的眼睛、嘴巴的外形不要画得太饱满（图3-22）。在表现男性头部时注意这些区别，就能画出具有男性特征的头部（图3-23、图3-24）。

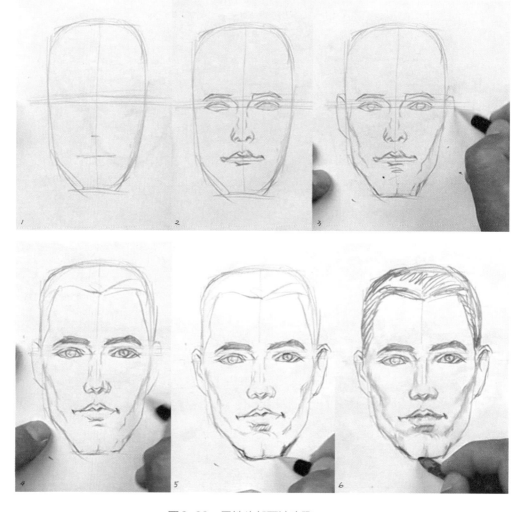

图3-22　男性头部画法步骤

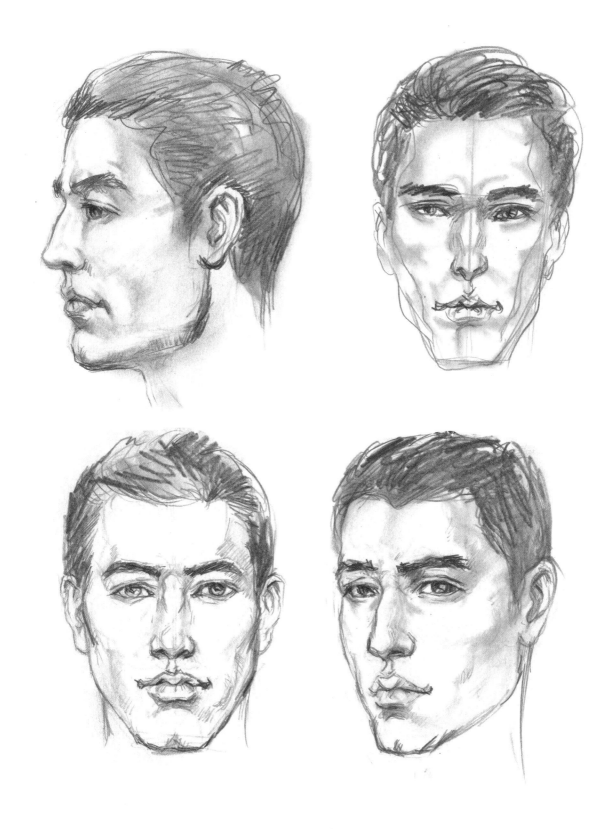

图3-23　男性头部一

图3-24 男性头部二

第七节 眼睛鼻子的画法

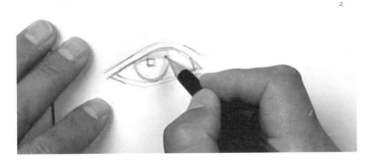

图3-25 眼睛的画法步骤

眼睛总体呈菱形，层次结构较多，画眼睛要抓住主要结构和特征。眼睛的主要结构包括内眼角、外眼角、上眼皮、下眼皮、眼珠、瞳孔、睫毛等。上眼皮较厚，下眼皮稍薄，注意整体外形，眼珠应该画出透明感。服装画女性形象经常要表现出化妆效果：眼影、修整后的眼线、描画的眉形等。眼睛侧转之后透视关系变化较大，要注意眼眶和眼珠的形状变化，掌握透视规律才能画出自然协调的眼睛（图3-25）。

鼻子的外形是一个梯形的棱台，鼻头部分较大。服装画中主要画鼻翼和鼻头部分，鼻梁不做过多表现。女性鼻头较男性小巧，鼻子是服装画中表现较少的部分（图3-26）。

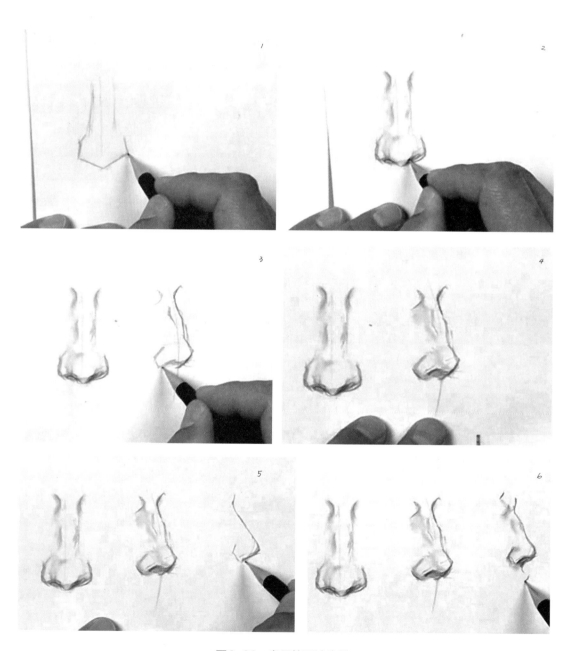

图3-26　鼻子的画法步骤

眼睛和鼻子在表现时有正视、侧视、俯视、仰视等不同视角，要注意透视规律，画出关系准确的效果（图3-27）。

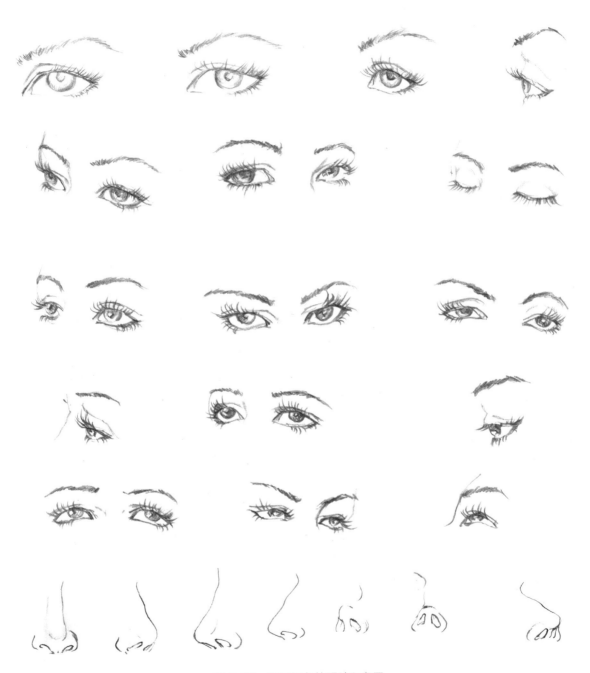

图3-27 不同视角的眼睛和鼻子

第八节　嘴巴的画法

嘴巴的结构转折较多，在服装画中主要表现嘴角、人中、上唇、下唇等几个结构。嘴唇中间部分较突出，在绘制时注意这种结构关系（图3-28）。女性嘴唇较饱满，通常按化妆后的效果来表现；男性嘴唇可以画得宽一些，薄一些。嘴巴侧面的结构透视关系变化较大，要注意结构的画法（图3-29）。

扫一扫

嘴巴的画法

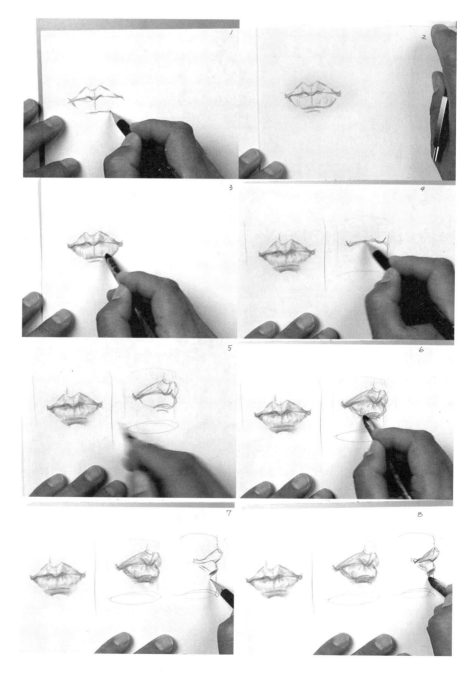

图3-28
嘴的画法步骤

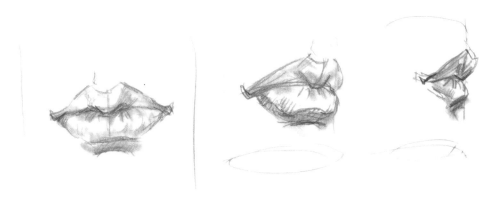

图3-29　嘴的三个角度

第九节　手的画法

　　手的结构较多，要注意总结归纳。手的结构可以分为手臂、手掌、大拇指、其余四根手指等四个部分（图3-30）。手指有较多关节，女性手指按修长简略的画法来表现，男性手指可以画得略粗壮一些（图3-31、图3-32）。手的长度参考脸的长度，不宜画得太小。具体的画法可参考示范视频。

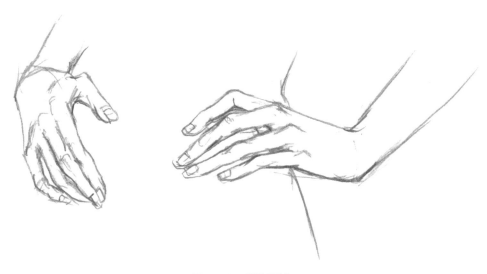

图3-30　手的画法

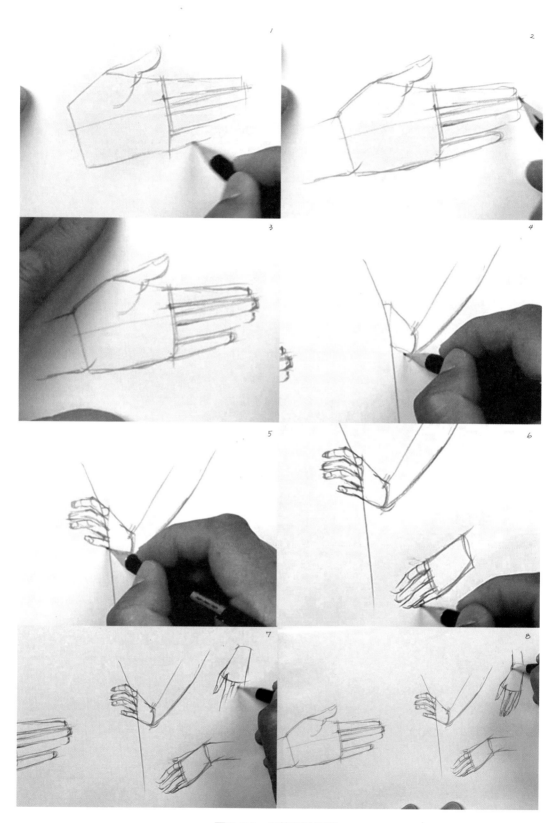

图3-31 手的画法步骤

图3-32 手的各种姿态

第十节　脚和鞋子的画法

在服装画中脚的结构主要由脚尖、脚背、足弓、脚后跟、脚踝几部分构成。画脚的时候不管是正面的还是侧面的，都要注意把这几个结构交代清楚（图3-33）。脚踝一般是内侧高外侧低，脚的前端比脚后跟宽。合脚的鞋子基本上就是脚的形状（图3-34）。男性的脚可以画得略大一些。

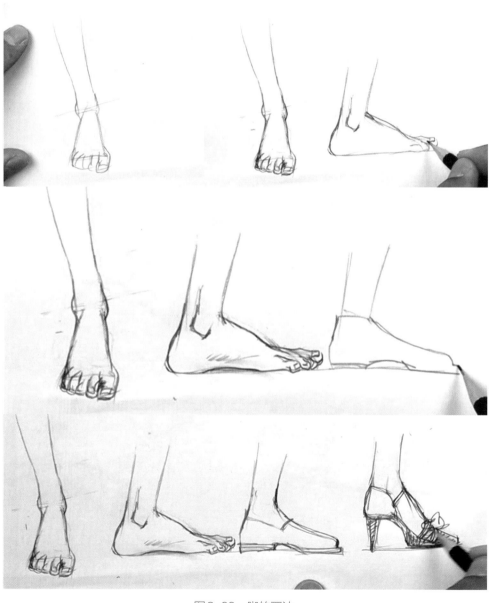

图3-33　脚的画法

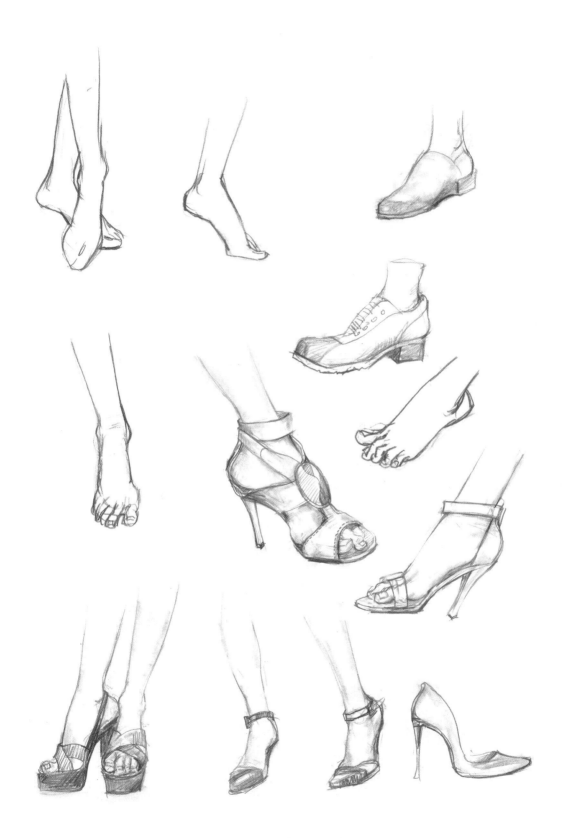

图3-34　脚和鞋子的画法

扫一扫

中长发造型
的画法

扫一扫

长卷发造型
的画法

第十一节　头发的画法

　　头发是在头上蓬松地生长的，正面从发际线开始，两侧到耳鬓，后面到后脖领位置。女性长发比较蓬松，体积明显大于头颅范围，绘制时要注意头发外围和头颅之间的位置关系（图3-35）。绘制头发时不宜一根一根地表现，这样容易产生呆板的效果，可以将头发按体积结构分成几个面来表现，线面结合的画法是比较合适的方法（图3-36）。

图3-35　头颅和头发的关系

图3-36　发型

扫一扫

儿童模特画法

第十二节　儿童身体比例和头部的画法

未成年人的身体比例从出生到青少年时期变化很大，和成年人身体比例有明显差别（图3-37、图3-38）。掌握不同年龄阶段儿童的身体比例是准确绘制童装效果图的关键。儿童体型的特征是头大身体小，四肢较成年人短小。儿童体型为H形，即肩宽、腰宽、臀围宽基本接近。儿童人体适宜用圆顺线条表现（图3-39～图3-42）。

图3-37　各年龄段儿童的身体比例

图3-38　小学（少年）阶段儿童的身体比例

图3-39 儿童模特动态一

图3-40　儿童模特动态二

图3-41　儿童服装效果图

图3-42 少女装效果图

　　儿童头部及五官比例和成年人不一样，儿童头部长宽比较接近，画脸部时一般是按照头长一半来确定眼部位置，五官较集中，也比较小（图3-43）。

图3-43 儿童头部

第四章

服装与人体的关系表现

　　服装是穿着于人体表面的，因为服装有松有紧，有长有短，有薄有厚，所以在画服装画时要把服装在人体的穿着效果和与人体的关系表现准确，才能体现设计师的意图和服装效果。服装画中通常将服装分为紧身合体、宽松离体两大类。在绘制过程中要观察研究衣服和人体之间的对应空间关系。合体紧身类型的服装轮廓在肩膀、胸、腰、臀等部位和人体轮廓是基本重叠的，也就是说画衣服就是画人体。宽松离体类型的服装，除了肩部、腰部、抬起来的肘部、腿部是和人体重叠的，其他大多数部位都是离开人体的，是悬垂的状态，在画这些部位的衣服时要注意和紧身合体的服装区别对待。

第一节　合体服装与人体的关系

　　合体的服装和人体紧密贴合在一起，在大多数部位的服装外轮廓就是人体轮廓。也有一些款式局部合体，部分宽松，对于这样的款式，在画服装画之前要进行观察和分析。紧贴人体的部位用线要顺畅有张力，适当表现出人体的弹性；宽松的部分用线可以松弛随意一些，注意区别对待（图4-1～图4-5）。

扫一扫

合体服装的画法

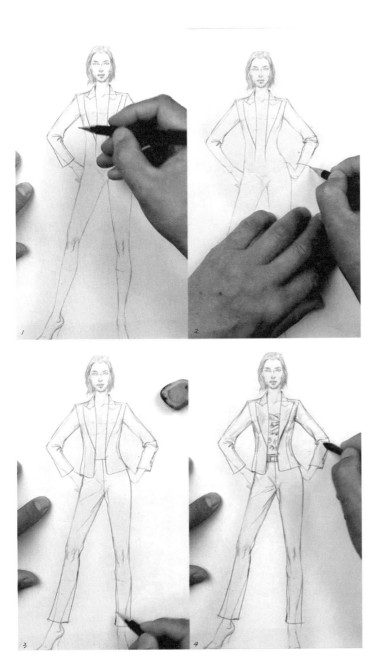

图4-1　合体服装的画法

图4-2　合体服装一

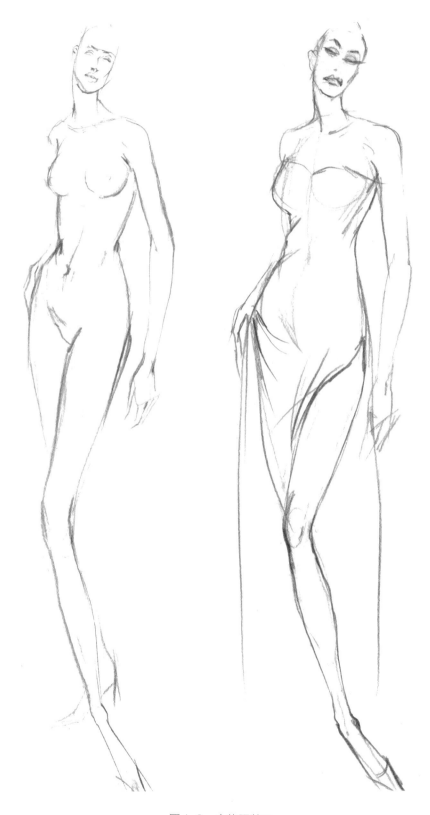

图4-3　合体服装二

图4-4　合体服装三

图4-5　合体服装四

扫一扫

宽松服装的画法

第二节　宽松服装与人体的关系

　　宽松服装的许多部位是离开人体或悬挂于人体的，只有在肩部、腰胯、抬起的手臂或腿部才会贴合人体，这些部位轮廓与人体一致。由于宽松的款式结构，有时会产生较多褶皱，绘制时要注意衣纹的处理（图4-6～图4-9）。

图4-6　宽松服装的画法

图4-7　宽松服装一

图4-8 宽松服装二

图4-9　宽松服装三

第三节　衣纹的画法

现实中穿着在人体上的服装会产生许多褶皱，在绘制服装画时不需要全部画出来，绘制过多的衣纹会显得繁琐，甚至产生破坏款式表现效果的不良作用。衣纹的产生有几种情况：①褶皱结构，这是服装款式的组成，要画出来。②人体起伏转折产生的褶皱，对应人体，一般要画出来。③运动产生的褶皱，主要在人体转折部位，如腰部、肘部、膝部等，这些褶皱可以适当画一些。④宽松服装的悬垂褶皱，体现款式特征的可以画一些。⑤紧身服装产生的横向拉纹，可适当画一些（图4-10、图4-11）。

扫一扫

衣纹的画法

图4-10　衣纹的画法一

图4-11　衣纹的画法二

褶皱是为了表现款式结构、人体动态的，无用的褶皱不宜多画，或者尽量简化（图4-12～图4-16）。

图4-12 衣纹的画法三

图4-13　衣纹的画法四

图4-14 衣纹的画法五

图4-15 衣纹的画法六

图4-16 衣纹的画法七

第五章

颜料与画法

　　服装画常用的颜料和笔有水彩颜料、水粉颜料、马克笔、彩色铅笔等。每种颜料有各自不同的特性，主要体现在覆盖力、质感、调制方法等方面。在绘制时根据要表现的服装面料和款式来选择颜料，才能获得更理想的绘画效果。

第一节　马克笔上色

　　马克笔一般指油性记号笔，一头是斜面方头，一头是圆形小头，可以利用不同的角度画出宽窄不一的笔触，这是马克笔使用的一个技巧。马克笔上色后无法修改，所以要通过观摩别人的作品来总结用笔的规律特点，上色落笔前心中有数，注意人体的结构分块和服装的结构。一般来说，避免把颜色涂满，可以适当结合光影的明暗部位，采用留出高光和大面积平面省略的画法，获得简洁有效的效果。马克笔便携易用，非常适合效果图快速表现（图5-1～图5-5）。

扫一扫

马克笔上色
的方法

　　用马克笔上色的方法如下：

　　1.肤色用方头笔触画，留出一些边缘或高光部位，增强层次感，形成立体感。

　　2.衣服颜色用方头笔触画，上色时根据衣服的结构和与人体的关系用笔，边缘适当留白。

　　3.用略深一些的颜色增强衣服的暗部层次感，点到即可，不要画得太实。

　　4.用略深的颜色画肤色的暗部，不要画得太多，结合边线和结构，点到为止，然后整体观察调整。

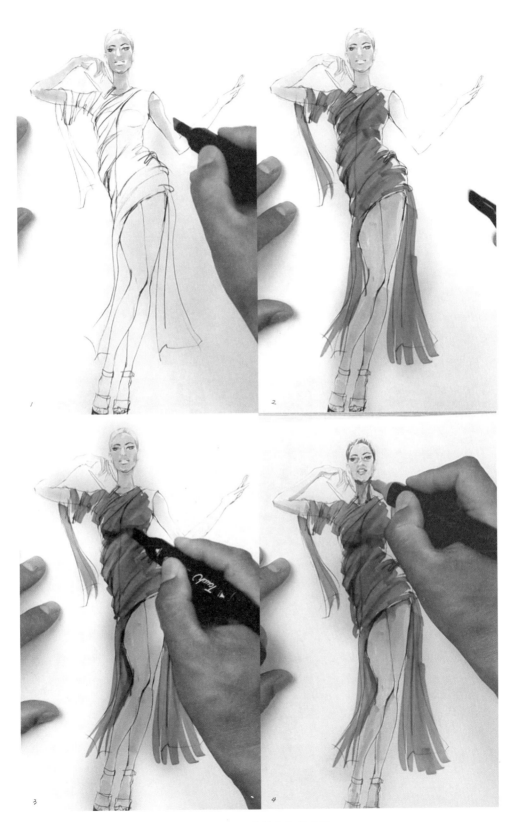

图5-1　马克笔上色的方法

图5-2　马克笔上色效果图一

图5-3　马克笔上色效果图二

图5-4　马克笔上色效果图三

图5-5　马克笔上色效果图四

第二节　彩色铅笔上色

彩色铅笔是硬质笔尖，笔触粗松，变化较少，呈线条状，大面积铺色比较费时。其彩铅质感的特点，适合表现质地粗松的面料，比如粗纺面料、针织面料、牛仔面料等。可以在上色时配合水粉、水彩颜料，获得比较丰富的表现效果（图5-6～图5-8）。

用彩色铅笔上色的方法如下：

1.笔触方向一致来平涂衣服颜色，边缘留出一些空白，增强层次感和体积感。

2.衣服暗部颜色加深，主要画在衣服结构变化和皱褶大的地方，注意整体协调关系。涂上裤子颜色。

3.画出肤色、头发，都是用底色加暗部的方法来塑造。

4.整体调整，注意主次关系，细致刻画脸部和服装的主要结构部位。

图5-6　彩色铅笔上色的方法

图5-7　彩色铅笔上色效果图

图5-8　彩色铅笔配合水彩的上色效果图

第三节　水彩颜料上色

水彩颜料的特点是透明，覆盖力弱，适合表现透明、轻质的效果，在绘制纱质等轻薄面料时比较合适。水彩颜料调色时加入水的多少会直接影响颜色的饱和度，上色时要注意毛笔含色量的多少，太多的颜料会造成流淌，不易控制，可以在上色前在纸上试笔（图5-9～图5-11）。

扫一扫

水彩颜料上色的方法

用水彩颜料上色的方法如下：

1.试好笔上的水分多少，按服装的块面和人体结构来铺色，注意笔触，不要马上修改，多总结画笔笔触的表现方法。通过笔触的变化来表现结构和人体块面。

2.用较干一些的同色或者略深的颜色画在暗部，不宜画得过多，注意协调统一。

3.肤色要透明，利用留白表现层次感和立体感。头发用线面结合的方法来画，注意蓬松的体积感。

4.最后调整统一。

图5-9　水彩颜料上色的方法

图5-10   水彩颜料上色效果图一

图5-11　水彩颜料上色效果图二

第四节　水粉颜料上色

水粉颜料含粉质较多，覆盖力较好，颜料调配时多加水也会变得比较透明，水粉颜料的表现效果比较丰富（图5-12～图5-15）。

扫一扫

水粉颜料上色的方法

图5-12　水粉颜料上色的方法

水粉颜料的上色方法如下：

1.水粉颜料加水调至稀糊状，太稠不利于大面积上色。上色时注意衣服的块面和人体结构，通过留白和笔触变化区分结构。

2.把衣服部分的颜色铺满，不要马上修改，防止画脏。

3.画出肤色、头发等。前面画的部分稍干后，可以加上暗部层次。

4.用小笔画出五官、小层次等细节。

5.小笔画边线、头发等细节，进一步调整。

6.整体调整。

图5-13 水粉颜料上色效果图一

图5-14　水粉颜料上色效果图二

图5-15　水粉颜料上色效果图三

第六章

服装面料表现技法

扫一扫

针织面料的画法

第一节 针织面料的表现

    针织面料有弹性，结构较疏松，不同的织法会产生不同的纹理或起伏，在绘制针织面料服装时可以用疏松的笔触来上色，有纹理的面料要在重要部位画出纹理。彩铅、油画棒配合水彩或水粉颜料可以获得较好的效果（图6-1～图6-5）。

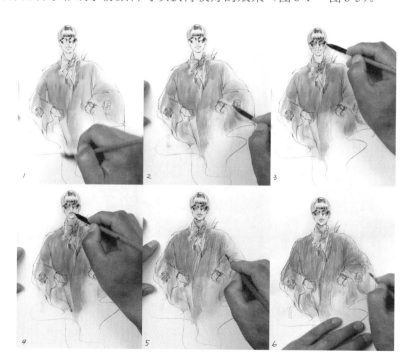

图6-1
针织面料的画法

针织面料的画法如下：

1.在线稿上上一层水粉或水彩的底色，不需要太均匀，可以保留较粗的笔触，针织面料质感是相对粗松的。

2.局部的其他颜色也画上。

3.肤色要透明一些，一般用赭石色加黄色多加水表现肤色。注意脸部的结构。

4.小笔触画细节。

5.颜色干了之后，再用彩色铅笔画条纹状笔触来表现针织肌理。注意用笔的方向。

6.整体调整，完善细节。

图6-2　针织面料效果

扫一扫

毛衣的画法

图6-3   用油画棒画毛衣的画法

用油画棒画毛衣的方法如下：

1.用油画棒配合水彩画毛衣，用油画棒将毛衣纹路、紫色花点、围巾上的纹路画出来。

2.用水彩颜料铺上毛衣和围巾的底色。

3.画出服装的其他部分，注意上色笔触和变化。

4.画出人物细节，用勾线毛笔画出主要的边线。

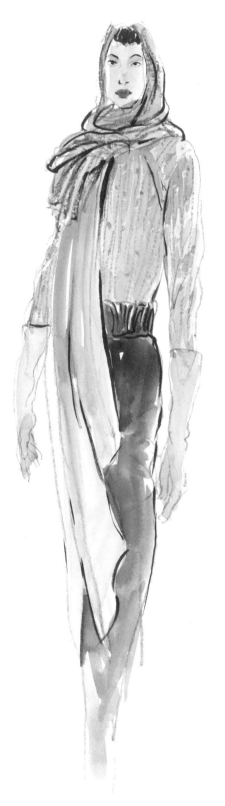

图6-4 用油画棒和水彩表现的毛衣效果图

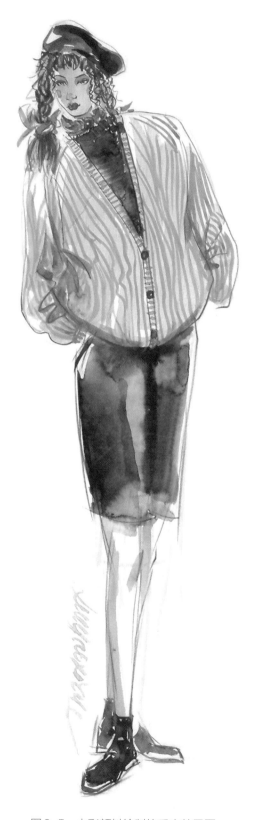

图6-5　水彩颜料绘制的毛衣效果图

第二节 薄纱面料的表现

薄纱面料上色时适合使用水彩这类透明度高的颜料，先画肤色或里面的服装，给外层薄纱上色时注意避开部分皮肤或里面的面料，形成透明的质感（图6-6、图6-7）。

图6-6 薄纱面料效果图

图6-7　透明面料效果图

第三节　毛织物面料的表现

扫一扫

毛织物面料
的画法

　　毛织物面料比较厚重，表面有毛感，有的面料有格纹图案。上色宜采用水粉颜料，在底色上配合彩色铅笔表现纹理和图案。在有纹理的纸张上也比较适合表现毛织物的纹理感（图6-8～图6-10）。

　　毛织物面料的画法如下：

　　1.上肤色，画肤色暗部，刻画五官。

　　2～3.衣服颜色用水粉，调得略厚一些，有覆盖力，上衣服颜色，边缘留白，保留自然笔触。下笔注意衣服块面和人体结构。

　　4.画衣服暗部，下笔简洁，点到为止。

　　5.进一步刻画细节，画出头发。

　　6.整体调整，颜色干后，可以用彩色铅笔刻画细节，画出一些面料的纹理。

图6-8　毛织物面料的画法

图6-9　毛织物面料效果图

图6-10 毛织物面料效果图（水粉色＋水彩纸）

第四节　牛仔面料的表现

扫一扫

牛仔面料的画法

　　牛仔面料主要是蓝色粗纹织物，通常有磨洗发白的肌理。上色适合用水粉颜料，底色可用白色干笔触或彩色铅笔表现磨洗效果。辑明线也是牛仔面料的主要特征之一（图6-11～图6-14）。

　　牛仔面料的画法如下：

　　1.上肤色、头发颜色，画肤色暗部，画出头发层次。

　　2.用略厚的水粉颜料上服装颜色，可以适当保留笔触颜色的深浅变化。

　　3.画衣服暗部，勾勒出口袋等结构。

　　4.用略深的颜色画出牛仔的局部不均匀的变化。

　　5.颜色略干后，用白色铅笔或者小笔蘸白色水粉画出主要部位的线迹。磨白的部位用白色粗松的笔触表现。

　　6.整体调整。牛仔的特征就是蓝色底色、深色暗部、白色线迹和磨白，白色用笔要干。

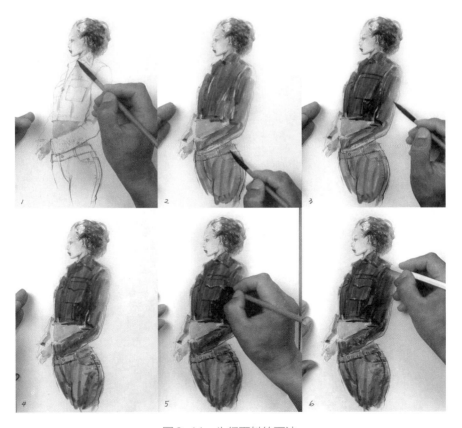

图6-11　牛仔面料的画法

图6-12　牛仔面料效果图

图6-13 牛仔裤效果图一

图6-14　牛仔裤效果图二

扫一扫

丝绸面料的画法

第五节　丝绸面料的表现

丝绸面料主要特征是轻薄且有光泽，顺滑，比较贴附身体，宜采用水彩颜料或者多加水的水粉颜料来表现（图6-15～图6-18）。

丝绸面料的画法如下：

1.上肤色，用清透的绿色给连衣裙上色，颜色含水略多。

2.上色时略微区别受光和背光的区域，保留随意柔软的笔触。

3.未干时加深绿色的层次。

4～5.画细小的部分，画饰品，反光的面料上要稍加一些高光。

6.整体调整。

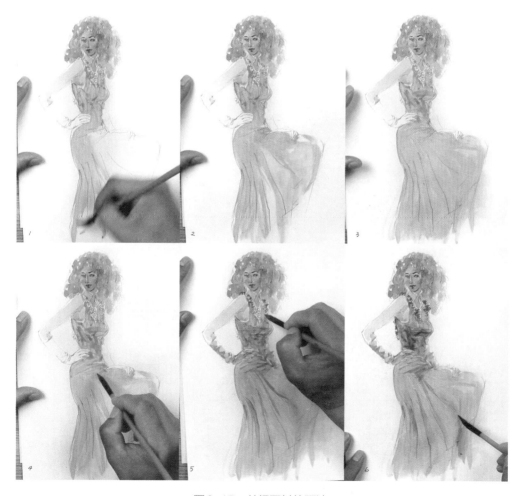

图6-15　丝绸面料的画法

图6-16 丝绸面料效果图一

图6-17　丝绸面料效果图二

图6-18　丝绸面料效果图三

第六节　皮革面料和皮草面料的表现

　　皮革面料厚实有弹性，通常带有光泽，上色时注意皮革的褶皱特征，保留反光部位或者用白色颜料提亮（图6-19～图6-22）。皮草是动物皮毛，表面蓬松，较厚，边缘有明显的毛针，一般用随意渗化的颜色作为底色，用小笔触画毛针来表现（图6-23、图6-24）。

　　皮革面料的画法如下：

　　1.黑色多加水调成浅黑色，按皮革块面和褶皱上色，保留反光部位。

　　2.逐步加深，勾勒出服装的结构部件。

　　3～4.进一步刻画，加深暗部，用笔要干脆，保留皮革块面的形状。

　　5.将浅色和深色过渡好，趁颜色未干时加以涂抹。高光部位可以用白色小面积表现。

　　6.整体调整。

图6-19　皮革面料的画法

图6-20　皮革面料效果图一

图6-21 皮革面料效果图二

图6-22 皮革上衣效果图三

皮草面料的画法如下：

1.毛皮部位可以先刷水，然后用水分较多的颜料铺上底色，把笔吸干，用细小笔触画出边缘的毛针，注意方向自然。

2.用深色在未干的底色上画出深浅的层次。

3.整体调整，毛皮边缘再画一些深色的毛针。

图6-23　皮草面料的画法

图6-24　皮草面料效果图

第七节　条格条纹面料的表现

条格面料的画法　　条纹面料的画法

条格条纹面料一般采用底色加上格子或条纹的方法来表现，在画图案时要注意主次关系，避免呆板繁琐的弊病（图6-25～图6-29）。

条格面料的画法如下：

1.用彩色铅笔或油画棒画出条格，注意主次关系，下摆等面积大的部位可以省略一些。

2～3.用浅色画出衣服底色，用深色画出暗部。

4～5.画出其他部分，进一步塑造。

6.整体调整。

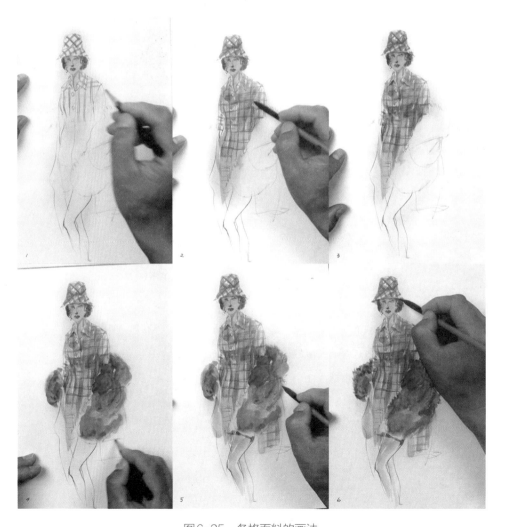

图6-25　条格面料的画法

图6-26 条格面料效果图

图6-27　油画棒和水粉表现的条纹长裤

图6-28　水粉淡彩表现的条纹衬衫

图6-29 水粉表现的花格面料

第
七
章

扫一扫

项目设计的
服装画表现

项目设计的服装画表现

　　学习掌握服装画的绘制，目的是表现服装的款式和设计创意，这是服装画最主要的功用。服装画有千姿百态的人物造型，用于绘制的颜料材料多种多样，艺术表现风格也是层出不穷。在具体的设计项目中，采用什么样的人物模特造型，用什么材料来绘制都至关重要，画面的创意设计是一个需要研究的环节。

　　艺术表现形式的最终目的都是体现设计创意，也就是通常所说的形式服务内容。合适的形式利于表现设计创意，突出设计，甚至美化提升设计效果，所以采用合适的服装画形式是至关重要的。一般在绘制项目设计的服装画之前，可以关注一下以下几个方面。

第一节　设计的风格和定位

　　服装最常见的分类是实用性较强的实用装和实用性较弱的创意表演装两大类。实用性较强的服装常见的有品牌成衣、企业职业装、功能性服装如运动装等，表现这类服装要注重服装的实用功能，在绘制表现时要尽量接近真实的服装效果，可以选择比较写实的模特比例和绘画风格（图7-1～图7-4）。创意表演装在绘画时可以采用夸张甚至个性化的表现形式。如果是带有明显风格特征或者主题的项目设计，就可以采用与设计主题相符相近的绘画形式来表现（图7-5、图7-6），比如民族风格、中国传统主题、某种艺术风格等，在服装画绘制时把表现形式与设计主题关联起来。

图7-1　宾馆职业装设计（写实风格）

肩头电绣
抽象凤凰图案

后背凤纹图案

绉纹料

图7-2 礼仪服装设计（写实风格）

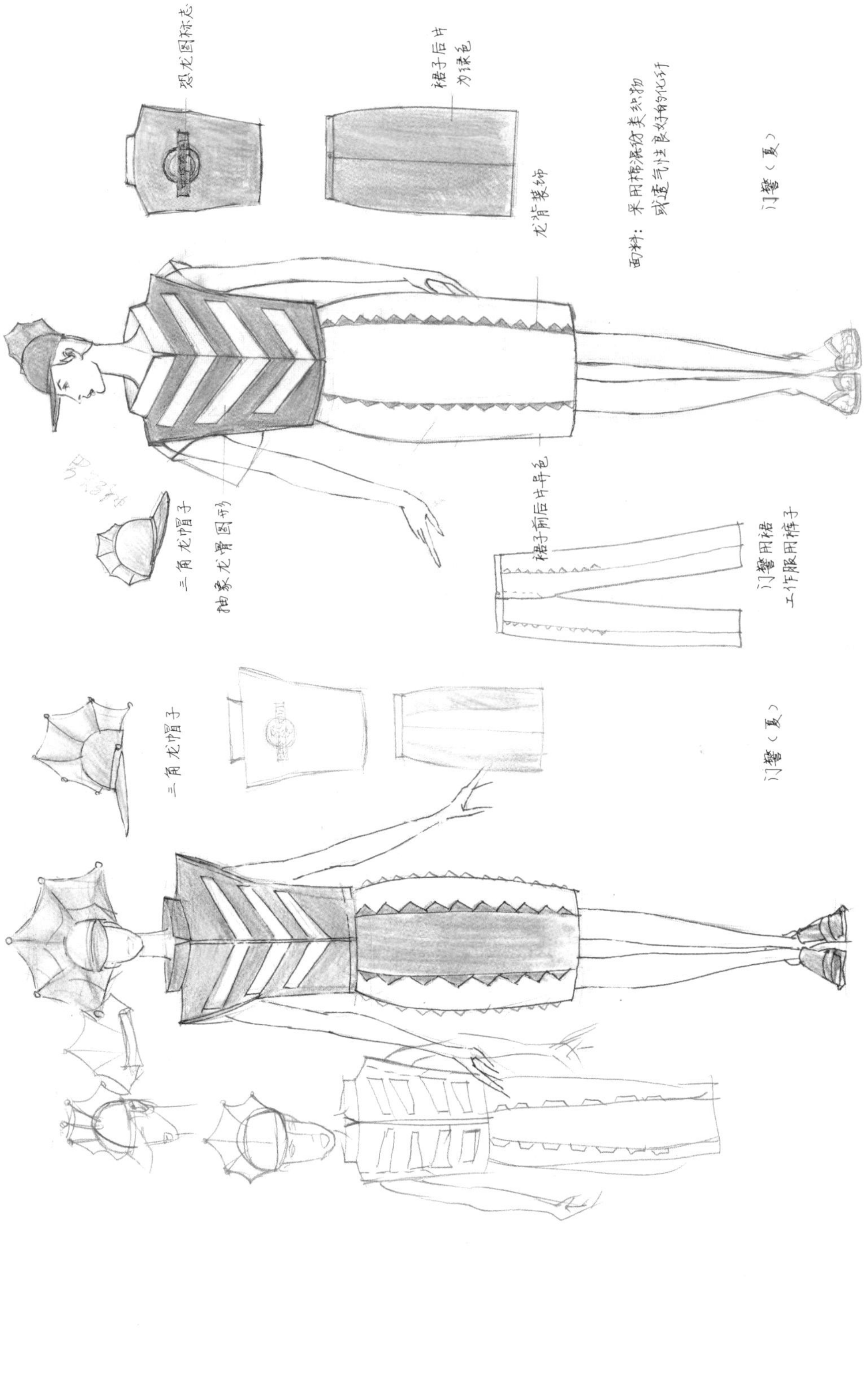

恐龙图标志

裙子后片
为绿色

龙背装饰

面料：采用棉混纺类织物
或透气性良好的化纤布子

习馨（夏）

三角龙帽子

抽象龙背图形

裙子前后片绿色

习馨围裙
工作服用裤子

三角龙帽子

习馨（夏）

图7-3 游乐园职业装设计（写实风格）

图7-4 游乐园迎宾服装设计（写实风格）

图7-5　舞台表演装设计（夸张写意风格）

图7-6　漫画风格服装画

第二节　项目设计款式关联人物形象

在品牌成衣设计时需要进行目标顾客定位，即设定服装穿着者的年龄、身份、生活方式、文化经济方面的条件等要素，这就可以描绘出大致的人物形象。在绘制服装画时，准确表现设定的人物形象，无疑能够更好地表现设计意图。服装画模特的形象主要从面部化妆效果、发型、首饰、动态等方面来体现（图7-10）。

除了成衣以外，常见的是各种项目的设计，如职业装、表演装、创意主题设计等。在服装画绘制过程中，根据服装的风格、服装使用者的身份形象来确定模特的画法，可以更明确地表现和提升服装设计的艺术效果（图7-7～图7-9）。服装设计和服装画是紧密关联的，这两个方面都涉及服装设计师的专业素养。

图7-7　舞台服装人物形象

图7-8　个性化创意装人物形象

图7-9　舞台表演装人物形象

图7-10　时装人物形象

第三节　项目设计款式关联场景道具

在项目设计的服装画中，为了丰富画面效果，突出设计内容，可以适当增加一些与设计主题相关的道具和场景（图7-11～图7-14），尤其在绘制主题设计、广告类的服装画的时候，可以呈现更完美的艺术表现效果。在增加主题相关的道具和场景时，要注意度的控制，服装画和绘画创作是有区别的，服装画是把服装作为主体来表现的，因此主体以外的东西不要描绘得过多、过于细致。

图7-11　太空宇航主题创意设计

参考太空题材作为设计主题，色彩和款式都有明显的体现，背景用含主题内容的图片做衬托，更加明确突出了主题。

图7-12　社交礼仪服装

模特手里的酒杯，背景上的酒红色，都起到了简单有效的说明环境的作用。

图7-13　年轻人的休闲服装

吉他盒和标牌是一个小乐队的道具，呈现出的整体效果就像一次演出前的亮相。

图7-14　戏曲主题运动服装

将戏曲舞台表演和脸谱作为场景和道具来突出服装设计参考的主题，非常明确地交代了灵感来源，突出了设计元素。

第八章

扫一扫

中国风服装画
表现方法

中国风服装画表现

"越是民族的，越是世界的。"建筑设计大师贝聿铭如是说。一个国家或者民族在世界艺术舞台上要有鲜明的特征，才能有立足之地。文化内涵和独特的艺术表现方式毫无疑问是核心。全球具有几千年文明历史的国家和地域是屈指可数的，中华五千年文明的历史积淀，形成了具有代表性的底蕴深厚的东方文化，我们的文化自信是具有强固根基的。中国画独特的表现方式和意蕴，影响了几乎整个亚洲地区，甚至对西方现代艺术都产生过明显的影响。东方艺术神秘而且带有抽象特点的审美，魅力独特，民族文化艺术特色形成了各地区文化名片的亮点。中国的文化艺术内涵丰富，是艺术创作灵感的宝库。

服装设计常用的设计方法之一就是参照传统和民族艺术。服装款式设计可以参照，服装画表现方式也不例外。服装画表现方面常用的中国风特征的手法是：①参照国画绘画形式风格，②参照传统审美趣味，③参照古代艺术、民族艺术形式等。要想呈现好中国风的表现效果，要注意领会传统绘画的表现形式和审美标准，总结传统和民族艺术色彩使用方案、风格的代表特征，并将需要的表现形式运用于服装画绘制当中（图8-1～图8-11）。

中国风服装画的画法如下：

1.为了画出水墨渗晕的效果，先将淡彩涂在裤子位置，笔上水分要多一些。

2.用黑色画裤子，区分主要结构，适度晕染出深浅变化。

3.腹部涂黑色，马上接红色，过渡成黑到红的变化，腹部以上颜色涂浅一些。

4.衣服袖口接黑色，过渡成红到黑的变化。过渡部分要颜色未干时完成，才能形成自然效果。

5.画出细节部分。

6.整体调整。

图8-1 中国风服装画的画法（水墨表现＋扎染色效果）

图8-2　水墨表现的服装画（国画笔韵）

图8-3 传统风格创意装表现（东方文化审美特征）

图8-4 乘衣归-创意装设计（民族元素）

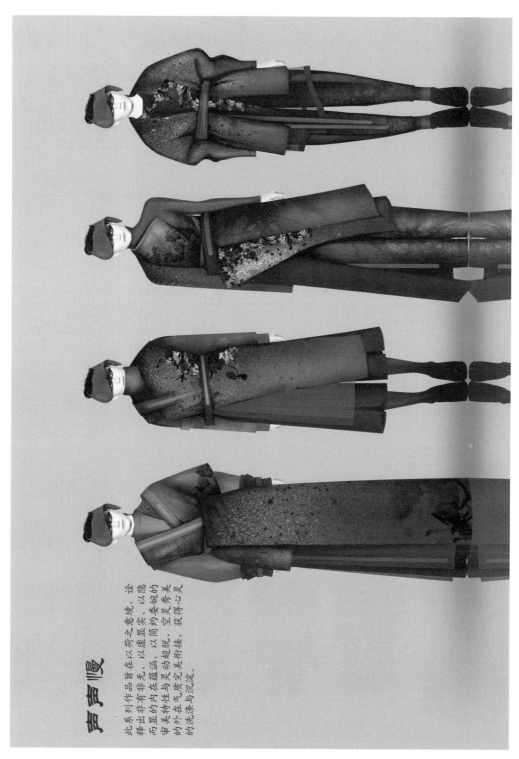

声声慢

此系列作品旨在以所有之意境，诠释出有非有非无，以虚显实，以隐而显的内在蕴涵，的委婉的审美特性与灵动规脱，空灵秀美的外在气质完美衔接，获得心灵的洗涤与沉淀。

图8-5　"声声慢" 创意装设计（传统服装风格）

图8-6 水墨效果服装画

图8-7　线描效果服装画

图8-8　写意上色服装画一

图8-9　写意上色服装画二

图8-10　民族风格设计服装画

图8-11　中国传统服装风格设计服装画

第九章

服装画欣赏

图9-1　水彩上色铅笔淡彩效果图一

图9-2 水粉淡彩效果图

图9-3 水彩上色铅笔淡彩效果图二

图9-4 水彩和油画棒上色效果图一

图9-5　水彩上色铅笔淡彩效果图三

图9-6　水彩上色效果图

图9-7　水彩和彩色铅笔上色效果图一

图9-8　水彩和彩色铅笔上色效果图二

图9-9　水彩和彩色铅笔上色效果图三

图9-10 水彩上色铅笔淡彩效果图四

图9-11　水粉和彩色铅笔上色效果图一

图9-12 水粉上色和签字笔绘制效果图

图9-13 水粉上色效果图一

图9-14　水粉上色和珠光笔绘制效果图

图9-15 水粉上色效果图二

图9-16 铅笔和水粉淡彩效果图

图9-17 粉笔上色效果图一

图9-18 粉笔上色效果图二

图9-19　水彩上色铅笔淡彩效果图五

图9-20　水粉上色毛笔勾线效果图

图9-21 水彩上色铅笔淡彩效果图六

图9-22 水粉和彩色铅笔上色效果图二

图9-23 水彩上色铅笔淡彩效果图七

图9-24　水粉上色职业装设计图

图9-25　水彩和油画棒上色效果图二

图9-26 水彩和彩色铅笔上色效果图四

图9-27　水彩上色铅笔淡彩效果图八

图9-28　水彩上色铅笔淡彩效果图九

图9-29　水彩上色效果图一

图9-30　水彩上色铅笔淡彩效果图十

图9-31　水彩上色效果图二

图9-32 水彩上色铅笔淡彩效果图十一

图9-33 水彩上色效果图三

图9-34 水彩上色铅笔淡彩效果图十二

图9-35　水粉上色效果图三

图9-36　水彩上色效果图四

图9-37　水彩上色铅笔淡彩效果图十三

图9-38 水粉上色效果图四

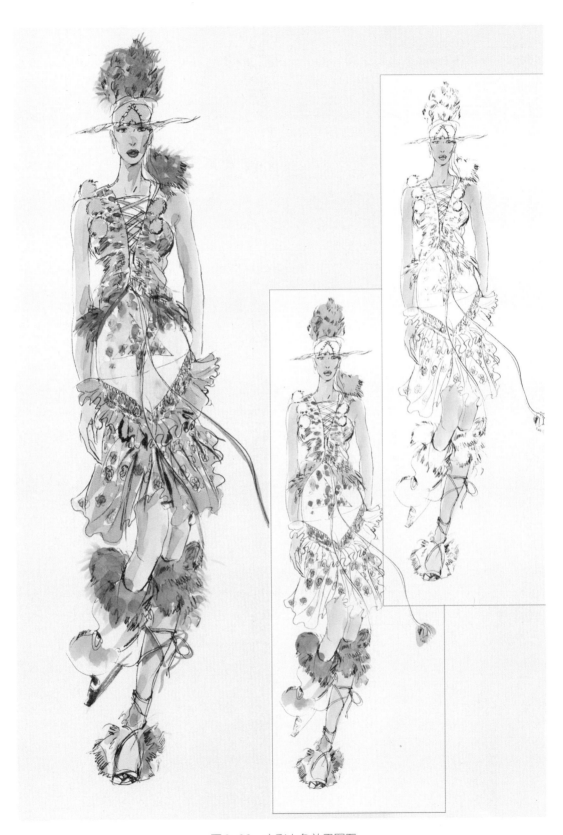

图9-39　水彩上色效果图五

图9-40　水彩上色效果图六

图9-41　水彩上色效果图七

图9-42　水粉上色效果图五

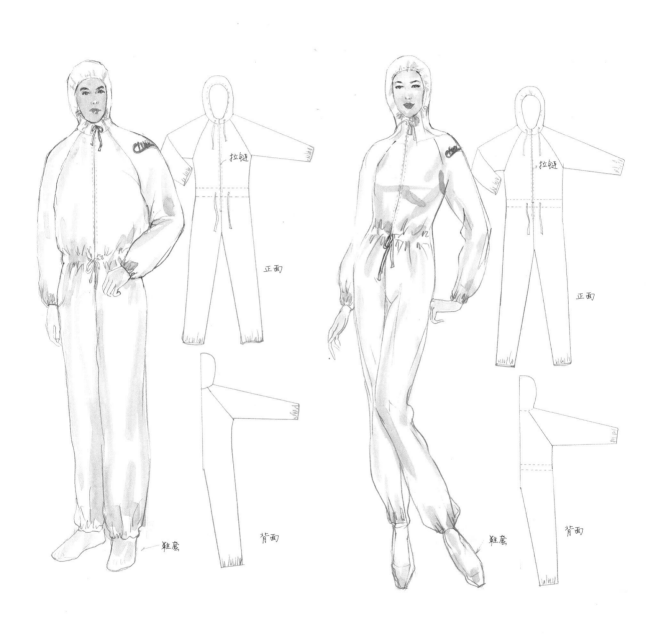

图9-43　水彩上色效果图（无菌包装服设计方案）

电绣图案（立体装饰）

左驳角绣标准图案

图9-44　水粉上色效果图（礼仪服装设计方案）

图9-45 水粉上色效果图（成衣设计方案）

星光灿烂

都市节拍

我行我素

浪漫春日

重归昔日

图9-46　彩色铅笔上色效果图（成衣设计）